未来に飛び立つ

最新宇宙技術

監修 渡辺勝巳 佐賀県立宇宙科学館アドバイザー

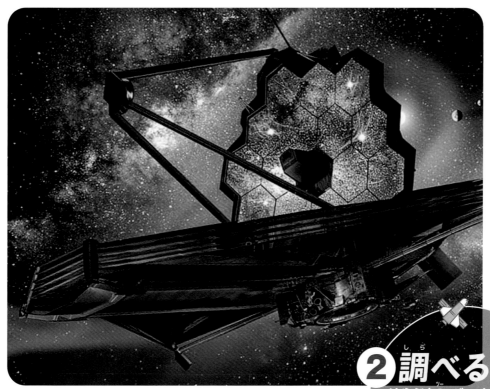

② 調べる──
はやぶさ2、ジェイムズ・
ウェッブ宇宙望遠鏡
ほか

汐文社
ちょうぶんしゃ

はじめに

　皆さんは、宇宙旅行へ行ってみたいと思ったことがありますか？

　今、宇宙開発は新たな段階を迎えています。世界各国では毎年、数多くの「ロケット」の打ち上げが行われ、それによって地球をめぐる軌道へ数多くの「人工衛星」が投入され、テレビ放映や携帯電話通信などに利用されています。

　ロケットはまた、ほかの星へ宇宙飛行士を届ける「宇宙船」や、調査のための「探査機」の打ち上げでも活用され、遠かった宇宙を身近にすることに貢献しています。近い将来には月面での基地建設やそこでの暮らしの実現に向け、ロケットが活躍する日が訪れるでしょう。

　今、皆さんが手に取っている『未来に飛び立つ　最新宇宙技術』シリーズは、新しい時代を実現するさまざまな宇宙技術を知ってもらうために生まれました。

　第2巻の「調べる」は、地球の軌道上で活躍するさまざまな人工衛星を中心に、ほかの星の調査に向かう探査機、高度150万kmの宇宙空間から太陽系外を観測する「宇宙望遠鏡」などの最新技術を紹介しています。すぐに次のページを開いて、「読む宇宙旅行」に出発しましょう！

地球から150万km離れた宇宙空間からはるか遠くの天体をのぞきこんでいるジェイムズ・ウェッブ宇宙望遠鏡（上）。2022年8月には、うお座の方向に地球から約3200万光年の距離にある渦巻銀河「M74」を撮影し、最新詳細画像（右）が公開された。この画像に世界の天文学者たちは息をのんだ

©NASA GSFC/CIL/Adriana Manrique Gutierrez

ジェイムズ・ウェッブ宇宙望遠鏡がとらえた「M74」の中心部

©ESA/Webb/NASA & CSA/J. Lee and the PHANGS-JWST Team. Acknowledgement: J. Schmidt

もくじ

この本を読む皆さんへ

この本でよく出てくる次の名称について

宇宙機＝ロケットを用いて大気圏外（宇宙空間）へ打ち上げられる人工の飛行体のこと。人工衛星、宇宙探査機、宇宙船など。

ロケット＝搭載した推進剤を燃焼させガスを後方へ噴射することで進む乗り物。宇宙機を宇宙へ運ぶために用いられる。

人工衛星＝地球の周回軌道に打ち上げられ、通信、観測などさまざまな目的に用いられる宇宙機のこと。

探査機＝宇宙空間やほかの惑星、衛星などを探査する宇宙機のこと。

宇宙船＝宇宙機のなかでも、特に人を乗せるもののこと。

＊文中の日時は特に記載する場合を除き、日本時間で記載しています

QRコードの使い方について

動画に
リンクします

この本には動画などを見るためのQRコードを掲載しています。動画を見るときは、スマートフォンやタブレットのカメラでそれぞれのQRコードを読みとってください。

動画は本を買った人も借りた人も見ることができます。

QRコードは(株)デンソーウェーブの登録商標です。

★本書では画像提供先の名前は各名称の前に©で表示します。

3

太陽に近いと公転にかかる時間は短いよ

地球に近い軌道を回る小惑星探査を行った「はやぶさ2」
©JAXA

小惑星帯

「はやぶさ2」が探査した地球と火星の間を動く小惑星「リュウグウ」
©JAXA、東京大学など

太陽系の惑星

太陽からの平均距離と公転周期*

5790万km	1億820万km	1億4960万km	2億2790万km
87.95日	224.70日	365.25日	686.96日

Mercury （マーキュリー）
Venus （ヴィーナス）
Earth （アース）
Mars （マーズ）

太陽　Sun
太陽系の中心にある恒星（自ら輝く星）で、直径は約139万km（地球の109倍）。中心部は核融合反応により約1500万℃になり表面温度は約6000℃もある。

水星
直径が地球の5分の2ほどの大きさの惑星。太陽が近く1日が長いため、昼夜の寒暖差は600℃にもなる。

金星
地球と大きさ、重さが近い惑星。二酸化炭素の濃い大気が太陽からの熱を閉じこめるため、表面温度が平均465℃もある。

地球
表面に水があるただ1つの惑星。大気上層にオゾン層があり、強い紫外線などをさえぎってくれるおかげで、数多くの生命が生まれ、育まれている。

火星
地球のすぐ外側を回る、直径が地球の半分ほどの惑星。表面は酸化鉄を含む岩石でおおわれ、赤っぽい色に見える。

太陽系のなかまたち

惑星
太陽のまわりを公転している、丸い形をした特に大きな星。恒星の光を反射して輝いている。

準惑星
太陽のまわりを公転している、丸い形で十分な重さのある星のうち、惑星にくらべると大きさは小さいもの。

小惑星
おもに火星と木星の間の小惑星帯と呼ばれる空間にあって、太陽のまわりを公転している多数の小天体。

衛星
惑星（地球など）のまわりを公転している天体（月など）。公転の方向は惑星の自転方向と同じ場合が多い。

彗星
おもに氷やチリなどでできている小さな天体で、太陽に近づくと、溶けた氷がガスになって「尾」を引く。

火星と木星の間の小惑星帯にある小惑星「ベスタ」
©NASA

宇宙には目に見えない「道」がある！

地球は、約365日で太陽のまわりを一周します。これを「公転」といい、太陽系のほかの惑星もすべて同じように公転しています。このように、地球やほかの惑星が規則正しく公転するのは、太陽を回る「軌道」という目に見えない「道」を通っているからで、星々はすべて定められた軌道にそって動いているのです。そのことは宇宙を観測し、得られたデータを計算することで確かめられます。

＊太陽からの平均距離と公転周期は、国立天文台編纂『理科年表2024』を参考にした

太陽系探査は
着々と進行中！

2012年8月、初めてNASAの
「ボイジャー1号」は、太陽圏
（29ページ参照）の外へ！
©NASA/JPL-Caltech

海王星の外側を回り、
2006年まで惑星の1つ
だった準惑星の冥王星
©NASA

7億7830万km
11.86年

14億2940万km
29.45年

28億7500万km
84.02年

45億440万km
164.77年

ジュピター
Jupiter
木星

直径が地球の約11倍の
巨大な惑星。さまざまな
物質から作られる雲（ガ
ス）におおわれ、90以上
の衛星をもつ。

サターン
Saturn
土星

宇宙のチリや氷でできた巨大な
輪をもつ、直径が地球の約9.5
倍の惑星。輪の直径は約27万
km、厚さは数10m。

ウーラノス
Uranus
天王星

直径が地球の約4倍の惑星。
自転軸が極端に傾いていて、
周囲に細い輪がある。太陽
から遠いため、表面温度は
マイナス197℃。

ネプチューン
Neptune
海王星

直径が地球の約4倍で、
太陽から最も遠い惑星。
表面温度はマイナス約
220℃という極寒の、青
く輝く氷の惑星。

惑星には3つのタイプがある！

水星・金星・地球・火星

岩石惑星
チリ（岩石や氷）が集まって生
まれた大きさ数kmの微惑星が、
衝突と合体をくりかえしてでき
たタイプの星。探査機が表面に
着陸することができる。

木星・土星

巨大ガス惑星
小さな惑星が成長し、周囲のガ
スを大量に集めることで生ま
れる。ほとんどが気体で構成さ
れているため、探査機が着陸す
ることはできない。

天王星・海王星

巨大氷惑星
おもに氷のチリからでき
ている惑星。表面に固い地
面はなく、厚い雲におおわ
れているため、探査機が着
陸することはできない。

地球の衛星である月も、地球を回る軌道の上を
動いています。人間が作り、ロケットで打ち上げ
る人工衛星も同じです。人工衛星と探査機のいち
ばんの大きな違いは、人工衛星が地球を回る周回
軌道を動くのに対し、探査機は地球の重力圏から
脱出して月やほかの惑星の軌道に乗るという点に
あります。そのため、探査機の打ち上げには人工
衛星よりも多くのエネルギーが必要になるのです。

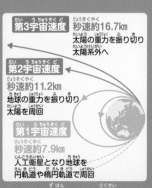

第3宇宙速度
秒速約16.7km
太陽の重力を振り切り
太陽系外へ

第2宇宙速度
秒速約11.2km
地球の重力を振り切り
太陽を周回

第1宇宙速度
秒速約7.9km
人工衛星となり地球を
円軌道や楕円軌道で周回

＊JAXAの図版をもとに作成

地球を周回するのに
必要な速度は？
空気抵抗がない条件で、人工衛星が
地表面（高度0m）で地球を周回す
るには、秒速約7.9kmが必要。高度
が高くなるほど、必要な速度は遅く
なる。また地球の重力から脱してほ
かの惑星へ向かう探査機を地上か
ら打ち上げる場合は、秒速約11.2
kmが必要となる。

第1章

人工衛星って、どんな仕事をしているの？

5ページでふれたように、人工衛星は地球のまわりの「周回軌道」を飛行し、さまざまな役割を担っています。「気象衛星」や「通信衛星」などの活躍を、皆さんも耳にしたことがあるでしょう。

ここでは、現在活躍中のものを中心に、最新の人工衛星の技術を紹介します。

ロケットに搭載された「スターリンク衛星」。「ファルコン9」（第1巻参照）は1回の打ち上げで、板のように薄いスターリンク衛星を50基以上も宇宙に送り出す。写真はロケットから打ち出される前のたたまれた状態のスターリンク衛星

© SpaceX

スペース X 社は、4万2000基のスターリンク衛星の打ち上げを計画してるんだって！

スターリンク衛星
（小型通信衛星）

大きさ	約3×3×0.2m
重さ	約260kg
軌道	高度約340〜1325km
運用	5000基以上（2024年1月現在）

スターリンク衛星を乗せたロケットの打ち上げ

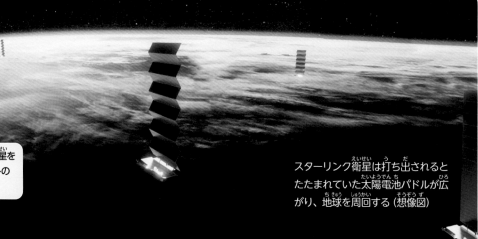

スターリンク衛星は打ち出されるとたたまれていた太陽電池パドルが広がり、地球を周回する（想像図）

6

たくさんの人工衛星を協力させてパワーアップ

● スターリンク衛星／スペース X

衛星コンステレーションは世界中を高速大容量通信で結ぶシステムです。アメリカの航空宇宙企業スペース X 社では「スターリンク計画」でこれを実現しています。たくさんの小型人工衛星「スターリンク衛星」を低軌道に打ち上げて連携させることによって、これまでの通信衛星の欠点だった「通信速度が遅い」「特定の地域では通信できない」ことを克服します。地球を取り巻く様子が星座（コンステレーション）をイメージさせるこのシステムの全貌が実現すると、地球上のどこにいても自分の位置を知ることができ、どこでも通信できるようになります。

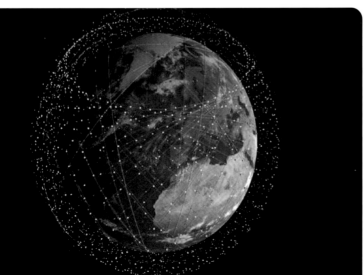

日本のアクセルスペース社も小型人工衛星を使った衛星コンステレーションを構築して地球の撮影画像を提供している

©アクセルスペース

スターリンク計画では小型通信衛星で地球をおおうことで、どこにいても通信できるサービスを実現する（想像図）。2022年、ロシアの侵攻で通信施設を破壊されたウクライナには無償でサービスが提供された

ナビや天気予報に役立つ最新人工衛星

人工衛星は役割によって分類されます。

①大容量のデータを送る「通信衛星」。インターネットや無線通信、衛星放送に使われます。ここでは「こだま」を紹介しています。

②位置情報の計測に必要な信号を送信する「測位衛星」。身近なカーナビなどの利用のほか、飛行機や船の安全な航行には欠かせません。準天頂衛星「みちびき」がこれに当たります。

③地球環境の観測データを地上に送る「地球観測衛星」。大気や海洋、陸地を観測して気象や地球環境の変化を調べます。「しきさい」「だいち2号」などです。

④天体や宇宙空間を探査する「科学探査衛星」。13ページの電波天文観測衛星「はるか」がその代表です。

インタビュー

人工衛星から撮影した色を再現！「海のクレヨン」が生まれたワケ

スカパーJSAT株式会社　清野正一郎さん

私の会社はアジア最大の衛星通信事業者です。そんな私たちが衛星写真に映る地球の色をもとに作ったクレヨンが「海のクレヨン」です。きっかけは、当時4歳だった息子との会話でした。ある日、「海の色って何色？」と質問したところ、彼は「青に決まってるじゃん」と答えました。ところが衛星写真を見ると、世界には赤や黄色、黒などの海があります。私は「海には決まった色なんてない。地球を知るともっとおもしろいのに」と思いました。

豊かな地球の色を楽しんでほしい、そんな想いが「海のクレヨン」には詰まっています。

人工衛星から撮影した世界各地の海の色を再現する「海のクレヨン」
©スカパーJSAT

通信衛星

「こだま」はデータ中継を専門とする人工衛星。2つの大きなアンテナで地球観測衛星やISSと地上局の間のデータを中継する（想像図）

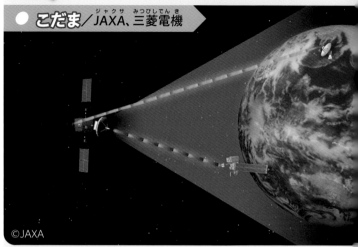
● こだま／JAXA、三菱電機
©JAXA

データ中継技術衛星こだま		準天頂衛星初号機みちびき	
大きさ	約2.2×2.4×2.2m	大きさ	約6.2×3.1×2.9m
重さ	約2.65t	重さ	約4t
軌道	静止軌道	軌道	準天頂軌道
周期	約24時間	周期	約24時間

日本のほぼ真上に「みちびき」（下の想像図）がいることで、山やビルの谷間でも自分の位置を正確に知ることができる。位置を計測する「測位」を行うには、最低4基の衛星が必要

測位衛星

● みちびき／内閣府、三菱電機
©JAXA

地球観測衛星

©JAXA

金色の部分は、太陽による100℃以上の熱から機械を守る「サーマルブランケット」だよ

● しきさい／JAXA、NEC

国際的な取り組み「全球地球観測システム」と連携した「地球環境変動観測ミッション」のために、高性能センサー「多波長光学放射計（SGLI）」で、チリや雲、植物の分布から地球の熱の出入りを調べる（想像図）

気候変動観測衛星 しきさい		陸域観測技術衛星2号 だいち2号	
大きさ	約4.7×16.5×2.6m	大きさ	約4.5×3.5×3.1m
重さ	約2t	重さ	約2t
軌道	太陽同期準回帰軌道*	軌道	太陽同期準回帰軌道
周期	約98分	周期	約97分

大気・植生を観測
しきさい

雨や雪を観測
GPM/DPR

水循環変動を観測
しずく

温室効果ガスを観測
いぶき

＊JAXAの図版をもとに作成

2009年の「いぶき」以来、JAXAは地球の気象などの環境変動を観測する人工衛星を打ち上げて世界と協力している
＊GPM/DPRはNASAの衛星GPMに日本の観察装置DPRを搭載したもの

地上に照射した電波の跳ね返りで地球を観測する「合成開口レーダー（SAR）」を備えている（想像図）

©JAXA

● だいち2号／JAXA、三菱電機

「だいち2号」が観測した伊豆大島。2013年10月の台風26号の大雨で土砂崩れを起こした様子がはっきりとわかる ©JAXA

● ASNARO-2／経済産業省、NEC

高性能小型レーダー衛星 ASNARO-2	
大きさ	約1.5×1.5×3.9m
重さ	約570kg
軌道	太陽同期準回帰軌道
周期	約95分

＊太陽同期準回帰軌道については11ページ参照

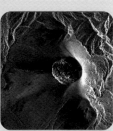

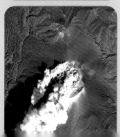

「だいち2号」と同じく、合成開口レーダーを備えた「ASNARO-2」（左の想像図）が撮影した霧島連山（上）。通常の光学センサーでは噴煙に隠れてよく見ることのできない火口（下）もくっきり見える

＊左の図版と右2点＝©NEC

9

第2章

人工衛星はなぜ地球へ落ちてこないの？

ここでは人工衛星の技術の秘密を解説します。地球にはもの（物体）を地球の中心に引き寄せる重力が働いています。投げたボールが地面に落ちていくのも、ボールを手から離すと真下に落ちていくのも、重力があるからです。でも、高度約3万6000kmを周回する人工衛星が落ちてこないのは、なぜでしょう？　その理由は人工衛星がものすごい高速度で周回しているからです。

地球の重力に負けない超スピード

たとえば、静止気象衛星「ひまわり」は秒速約3.1kmで周回しています。一方、高度約400kmを飛行するISSの場合、秒速約7.7kmという超高速度で地球を回っています。

じつは人工衛星が上空を飛び続けるとき、高度によって、地球の重力に負けずに落ちることなく

地球を回り続けるために必要な速度があります。たとえば高度100kmでは秒速約7.8km、高度500kmでは秒速約7.6km、高度1000kmでは秒速約7.3kmです。人工衛星を運ぶロケットは決められた高度に達すると、そこで人工衛星になるために必要な速度に加速したのち、人工衛星を切り離します。

高度ごとに異なる人工衛星の速度

高度 (km)	秒速 (km)	周期
0	約7.9	約1時間24分
100	約7.8	約1時間26分
500	約7.6	約1時間34分
1000	約7.3	約1時間45分
5000	約5.9	約3時間21分
10000	約4.9	約5時間47分
36000	約3.1	約24時間

＊上の「秒速」「周期」は円軌道の場合の数値

1970年に打ち上げられた日本初の人工衛星「おおすみ」。円錐部分が衛星で重さ約24kg、全長約1m。1周約145分の楕円軌道で周回し、2003年に大気圏に突入して消滅するまで、33年間地球を周回した

「おおすみ」を打ち上げた4段式固体ロケットの「L-4Sロケット」（全長約16.5m）

落ちそう！ でも、なぜか落ちない

空気抵抗がないという条件で地上すれすれの高さ（高度0m）でボールを投げてみる。秒速約7.9kmが出れば、地球を一周する。投げる速度を速くして、秒速約11.2kmにすると地球の重力を振り切って飛んでいく

秒速約7.9km未満

残念！
重力に負けて落ちた

重力

秒速約7.9km

やったー！
地球を一周して
戻ってきたわ

地球

秒速約11.2km

えっ！　ボールが
地球を飛び出して
人工惑星になったぞ

H3ロケットは「だいち3号」を高度 669kmの軌道に運ぶ（想像図）

● H3ロケットとだいち3号／JAXA

日本のJAXAは、陸域観測技術衛星「だいち」のミッションを引き継ぐため、2023年3月に先進光学衛星「だいち3号」の打ち上げを試みました。「H3ロケット」（第1巻参照）の試験機1号に搭載されて3月7日に打ち上げられましたが、第2段のエンジンに故障が起き、上空で爆破されました。だいち3号は光学センサーで地表を観測し、防災や災害対応で活躍する予定でしたが、あらたな計画へ向け、研究中です。

＊H3ロケットは2024年2月17日、2号機の打ち上げに成功し、超小型衛星を予定の軌道に投入した

だいち3号

第1段燃焼を終了し分離後、第2段点火。今回は第2段エンジンが点火せず、指令破壊された

H3ロケット試験機1号機
（2段式液体ロケット／第1段エンジン2基／固体ロケットブースタ2本）

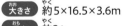
全長	約57m
重さ	約422t（人工衛星の重さは含まず）
打上能力	GTOに6.5t以上（固体ロケットブースタ4本のH3-24Lの場合）

先進光学衛星だいち3号
大きさ	約5×16.5×3.6m
重さ	約3t
軌道	太陽同期準回帰軌道＊
高度	約669km
周期	約98分

人工衛星を保護しているフェアリングを分離

第2段と人工衛星を分離、人工衛星を太陽同期準回帰軌道＊に投入

役目を終えた第2段はエンジン再噴射。姿勢を制御して大気圏に再突入

上昇。その後、固体ロケットブースター分離

発射離陸

▶「だいち3号」では高性能の光学センサーで直下の地表や広域を観測することが計画されていた。災害発生時には緊急観測を行い、平常時と災害発生時の画像を配信して防災や災害対応に活躍する予定だった

＊太陽同期準回帰軌道は、何日かごとに同じ場所の上空を同じ太陽光線の角度（ほぼ同じ時間帯）で通過する軌道。多くの地球観測衛星がこの軌道に打ち上げられる

人工衛星の技術のヒミツ ▶ 1

搭載エンジンの働き

　10ページで説明したように、人工衛星はロケットによって周回高度に運ばれ、周回に必要な速度を与えられることから運用が始まります。

　例外なのが、静止気象衛星「ひまわり」など静止衛星と呼ばれる人工衛星です。搭載されたエンジンを使って、自力で高度を高め、予定の軌道に入ります。静止衛星は下の図にあるようにロケットで静止トランスファー軌道に打ち上げられ、遠地点で衛星のアポジエンジンを点火して、静止軌道にほぼ近いドリフト軌道に入ります。その後、衛星の小型エンジン、スラスタを数回噴射して

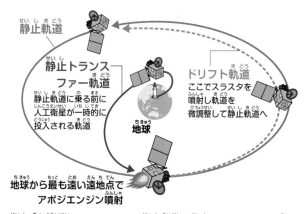

静止気象衛星「ひまわり」など静止衛星は静止トランスファー軌道の遠地点（高度3万6000km）でアポジエンジンを噴射してドリフト軌道に入り、その後、静止軌道に移る

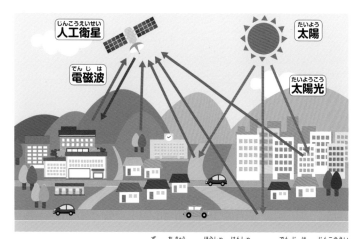

リモートセンシングのイメージ図。地球から放射・反射される電磁波を人工衛星のセンサーでキャッチして、天気や火山噴火、災害などの情報を伝える

　徐々に静止軌道に入っていきます。

　静止衛星以外の人工衛星でも、軌道からのずれを修正したり姿勢を制御したりするためにエンジンは使われますが、どの人工衛星もエンジンを動かす推進剤の搭載量には限りがあるので、使い果たしてしまうと働けなくなります。

人工衛星の技術のヒミツ ▶ 2

観測の目「センサー」

　軌道上の人工衛星は、観測したデータや位置情報データ、通信・放送の電波を地上局へ届けます。

　そのなかで、地球観測衛星では「リモートセンシング」というセンサーを用いて遠く離れたものを測定する技術が活躍します。地球が放射・反射する電磁波*をキャッチするセンサーを使って、観察対象の大きさや形、性質などのデータを集めます。9ページの気候変動を観測する「しきさい」は光学センサーで、大気中の微粒子や植物の状態などを調べます。13ページの「しずく」は海面や地表、大気から放射される弱い電磁波をアンテナでとらえ、海や陸や空のデータを集めます。観測データは地上に送られ、専門家が分析して私たちの暮らし、社会に役立てられます。

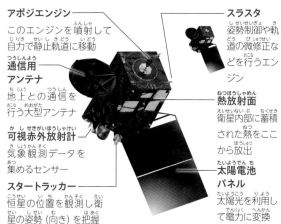

アポジエンジン
このエンジンを噴射して自力で静止軌道に移動

通信用アンテナ
地上との通信を行う大型アンテナ

可視赤外放射計
気象観測データを集めるセンサー

スタートラッカー
恒星の位置を観測し衛星の姿勢（向き）を把握

スラスタ
姿勢制御や軌道の微修正などを行うエンジン

熱放射面
衛星内部に蓄積された熱をここから放出

太陽電池パネル
太陽光を利用して電力に変換

静止気象衛星「ひまわり8号」。「ひまわり8号」は可視赤外放射計でリモートセンシングを行う。このセンサーで人間が見ることのできる可視光線から見えない赤外線まで電磁波の強さを観測する。天気予報の衛星画像はこの観測データを画像化したもの
©三菱電機

*電磁波には電波、赤外線、可視光線、紫外線、エックス線、ガンマ線が含まれ、これらは波長で区別される。波長が0.1mmより長いものを電波と呼び、太陽の光など目に見える可視光線の波長はそれより短い約380〜780nm

高度が高くなると、速度が遅くても落ちてこない！

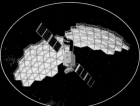

月
平均距離 ▶ 約38万km
公転速度 ▶ 秒速約1km
周期 ▶ 約27.3日

3万6000km

技術試験衛星VIII型きく8号
静止軌道　高度 ▶ 約3万6000km
傾斜角 ▶ 約0°　秒速 ▶ 約3.1km
周期 ▶ 約24時間　©JAXA

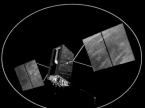

2万km

GPS衛星
円軌道　高度 ▶ 約2万km
傾斜角 ▶ 約55°　秒速 ▶ 約3.9km
周期 ▶ 約12時間

水循環変動観測衛星しずく
太陽同期準回帰軌道
高度 ▶ 約700km　傾斜角 ▶ 約98°
周期 ▶ 約100分　©JAXA

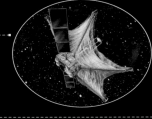

600km

電波天文観測衛星はるか
長楕円軌道　高度 ▶ 約560〜2万1000km　傾斜角 ▶ 約31°
周期 ▶ 約6時間20分　©JAXA

400km

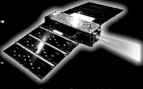

200km

100km

超低高度衛星技術試験機つばめ
楕円軌道　高度 ▶ 高度271.5kmから段階的に高度を下げ、167.4kmという超低高度で軌道保持実験を実施
©JAXA

大気圏

人工衛星は地球のまわりをさまざまな高度で周回しています。静止衛星の高度は約3万6000km、ISSの高度は約400km。高度が高いほど地球の重力が弱くなるので、周回速度が遅くても地球へ落ちてきません。ISSの秒速約7.7kmに対して静止気象衛星「ひまわり」は秒速約3.1kmとずっと遅くても大丈夫。ところで地球から約38万km離れた距離に月という自然の衛星がありますが、この衛星の公転速度は秒速約1kmです。

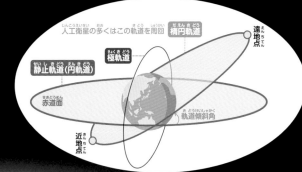

ISS（国際宇宙ステーション）

高度約400kmの上空にはISSが周回
ISS（国際宇宙ステーション）は一般的な人工衛星とは異なり、7人の宇宙飛行士が滞在でき、地上ではむずかしい実験などさまざまな実験や研究が行われている。1998年からロケットで資材を運び建設が始められ、重さ420t、縦横110×70mのISSが作られた。NASA、JAXAのほかロシア、ヨーロッパ、カナダの宇宙機関が運用しており、日本からも複数の宇宙飛行士が長期滞在している。若田光一宇宙飛行士が2022年10月から2023年3月まで滞在し、8月からは古川聡宇宙飛行士が長期滞在を開始した　　　　　　　©NASA
円軌道　高度 ▶ 約400km　傾斜角 ▶ 約52°
秒速 ▶ 約7.7km　周期 ▶ 約91分

人工衛星のおもな軌道
人工衛星の多くはこの軌道を周回
楕円軌道
遠地点
極軌道
静止軌道（円軌道）
赤道面
軌道傾斜角
近地点

人工衛星の軌道には地球からの距離が一定の円軌道と、遠地点（地球から最も遠い地点）と近地点（地球から最も近い地点）がある楕円軌道がある。速度が円軌道に必要な速度より速いあるいは遅いと、衛星の軌道は楕円軌道になる。また地球の赤道面と人工衛星の軌道面の間の角度を「軌道傾斜角」と呼ぶ。静止軌道は約0°、北極と南極付近を通る極軌道は約90°になる

＊傾斜角は「軌道傾斜角」のこと
＊周期は衛星などが地球を一周する時間

月面着陸まで（予想図）

① ロケットから切り離されたSLIMは、月への軌道へ

② 月周回軌道へ

③ 着陸に向け、軌道や姿勢を航法カメラなどで計算し、補助スラスタのエンジンを噴射して制御する

第3章 月面探査技術はどこまで進んでる？

ここからは無人で月面を調べる探査機や着陸船の最新技術を紹介していきます。アメリカの「アルテミス計画」（第3巻参照）では、2026年、1969年に成功した「アポロ計画」以来の人類の月着陸を計画しており、その準備のための探査が進行中です。精度の高い月面探査には、目的の場所に正確に着陸する技術や、レゴリス（砂）におおわれ起伏の激しい月の表面を動き回ってデータを集める技術などが必要です。2023年9月、日本でもJAXAの小型月着陸実証機「SLIM*」の打ち上げに成功、ほかにも民間の企業が次々と無人探査機を月面に送りこむための、さまざまな調査ミッションを計画しています。

*SLIMは「Smart Lander for Investigating Moon」の頭文字SLIMから名づけられた

④ 着陸地点の上空に到達後、メインスラスタのエンジンを点火し正確に垂直降下。同時に障害物も検知

⑤ 月面数mの高さでエンジンを停止し、機体を探査のための姿勢に制御しながら着陸

*14ページのすべての図版＝©JAXA

目的の場所へ正確に着陸できるすごいやつ

● SLIM／JAXA

従来の探査機は月の「降りやすい場所」に着陸してきました。しかし、これからは多数の探査機器を積んで「降りたい場所」に正確に着陸する技術が重要になります。SLIMは、小型・軽量の機体に高精度着陸技術を搭載し、月面の着陸予定地点から100m以内へのピンポイント着陸を目指して打ち上げられました。そして2024年1月20日に、予定地点の東側55mへの着陸に成功しました。

©JAXA/三菱電機

小型月着陸実証機SLIM

- **大きさ** 約2.4×2.7×1.7m
- **重さ** 約210kg

SLIMについて知ろう!

将来は、SLIMを使った月からのサンプルリターン（石や砂を持ち帰ること）を目指している

正確に着陸できて初めて、探査もうまくいくんだね

SLIM搭載の変形型月面ロボットLEV-2（愛称SORA-Q）の分離に成功。SORA-Qは月面に着陸したSLIMの画像を地球に送ってきた

©JAXA/タカラトミー/ソニーグループ（株）/同志社大学

太陽電池側の外観

S帯アンテナ
地球とのデータなどの送受信に使うアンテナ

薄膜太陽電池
軽量な装置で太陽光を大電力に変換しSLIMに供給する

分光カメラ
月の表面の太陽光の反射光を分光して（スペクトルに分けて）波長で観測するカメラ

航法カメラ
月の表面を撮影して月とSLIMの軌道を正確に推定するための光学カメラ

航法カメラ

着陸レーダーアンテナ
100m上空からのピンポイント着陸を可能にする

メインスラスタ（2本）
月面着陸に使用される小型のエンジン

補助スラスタ（12本）
SLIMの姿勢制御などに使用される補助エンジン

着陸脚側の外観

人工衛星の表面は太陽光などによる高温にさらされる。そこで金色や黒色の多層膜断熱材で表面をおおい機体や観測機器を保護している。SLIMでは金色の多層膜断熱材が使われている

燃料・酸化剤一体型タンク
スラスタの燃料のヒドラジンと酸化剤を収めるタンク

着陸脚
5脚の着陸脚は急傾斜地の着陸も可能にするために開発されている

＊上2点とも＝©三菱電機

安く、早く、確実に
月世界に荷物をお届け！

● HAKUTO-R シリーズ1ランダー／ispace

シリーズ1ランダー	
大きさ	幅約2.6×高さ2.3m（着陸脚を広げた状態）
重さ	約340kg
動力	二液式エンジン

「HAKUTO-R」プログラム以外に、ミッション3として使用を予定しているランダーの開発がアメリカで進んでいる（想像図）

2024年冬にも予定している「HAKUTO-R」ミッション2の小型月面探査車

「HAKUTO-R」は、日本の宇宙開発ベンチャー企業ispaceが開発と運用を進めている月面探査プログラムです。その中心に月面への物資輸送を行うランダー（月着陸船）の計画があります。炭素繊維プラスチックの機体は約30kgの物資運搬が可能。運用の費用を節約し、機体開発のスピードもぐんと速くなりました。2022年、スペースX社のファルコン9（第1巻参照）によるランダー（写真）の打ち上げに成功。残念ながら、2023年4月26日、月着陸直前に通信が途絶え、着陸には失敗しましたが、月面のさまざまな情報を集め、将来の地球と月の輸送サービスに役立てることを目指してあらたな開発が進められています。

炭素繊維プラスチックを使うことで機体の軽量化に成功、さらなる小型化によって月への物資輸送は今よりずっと便利になる

ミッション1 着陸シーケンス

ランダーの月面着陸（上図）は以下のように進む。エンジンの逆噴射で軌道周回速度を減速（左から2番目の図）→ランダーの姿勢を調整する→最終アプローチ中に着陸目標地点を確認→最終降下に入る→月面に着陸

世界最小、最軽量。
コロコロと月面で
大活躍するんだね

YAOKIは近い将来の月
面基地建設の現場でも
活躍が期待されている
（想像図）

©Intuitive machines

超小型探査ロボット
YAOKI

大きさ	約15×15×10cm
重さ	約498g
動力	バッテリー

動くYAOKI
を見る！

月面をコロコロ動き回る！

● YAOKI／ダイモン

ロボット・宇宙開発ベンチャー企業のダイモンが開発した超小型探査ロボット「YAOKI」は、岩石と砂でできた月面を自由に動ける、ダンベルのような形が特徴。左右15cmと手のひらに乗る小ささですが、100G*という大きな衝撃にも耐える強度があり、転んでも倒れても走り続けます。

YAOKIは500g以下と非常に軽量なため、一度の打ち上げで何台も月面に送ることができる（想像図）

©ダイモン

インタビュー

これからの宇宙開発はロボットが主役です

株式会社ダイモン 代表取締役CEO兼CTO 中島紳一郎さん

ダイモンCEOの中島紳一郎です。私たちはロボット探査機を開発しています。当社開発のYAOKIは、車輪の数をこれまでの4輪から2輪にし、左右の車輪の間に本体全体がある左右対称の形をしています。そのためデコボコな月面で、どんなふうに転んでも車輪はいつも接地し、走行不能になりません。
人間にとって過酷な環境で休むことなく動き続け、映像などのデータを送ってくれるロボット探査機は、これからの宇宙開発に不可欠な存在です。

手のひらサイズのYAOKIを
開発した中島CEO

©ダイモン

*100Gとは、地球の重力（地上の人間や物を引っ張る力）1Gの100倍の力。NASAが打ち上げた有人宇宙船スペースシャトルの場合、打ち上げ時に宇宙飛行士には重力の2〜3倍（2〜3G）の力がかかったといわれる

リュウグウに到着する
小惑星探査機「はやぶさ
2」（想像図）

「はやぶさ2」の先輩「はやぶさ」は
イトカワへのタッチダウンに成功。
機体下部のサンプラーホーンを伸ば
し表面から砂や石を採取（想像図）

＊左右2点とも＝©池下章裕

第4章 「はやぶさ2」って何がすごかったの？

ここまで、これからの活躍が見込まれる日本の探査機を紹介してきましたが、すでに運用され世界中を驚かせたのが「はやぶさ」と「はやぶさ2」です。2010年に小惑星探査機「はやぶさ」が小惑星イトカワから、2020年に「はやぶさ2」が小惑星リュウグウから砂や石を持ち帰る「サンプルリターン」に成功しました。1969年、アメリカの月着陸船アポロ11号が月の石を持ち帰りましたが、小惑星からのサンプルリターンは史上初めてとなる「はやぶさ」の偉業でした。ここでは何十億kmもの旅をし、小惑星の土壌を持ち帰った「はやぶさ2」の技術を紹介します。

天体探査の4方法

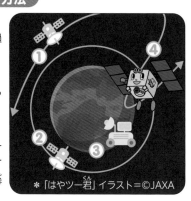

①フライバイ
天体の近くを通り過ぎながら観測
②周回軌道で観測
天体を周回しながら観測
③着陸して観測
天体に探査車（ローバー）を降下させて観測（22ページ参照）

＊「はやツー君」イラスト＝©JAXA

④サンプルリターン
天体にタッチダウンして採集したサンプルを地球に持ち帰る。小惑星では「はやぶさ」が史上初めて成功

＊2023年9月24日、NASAの探査機「オシリス・レックス」が小惑星「ベンヌ」で採取した試料を収めたカプセルがユタ州の砂漠に着陸。日本の「はやぶさ」「はやぶさ2」に続く世界で3例目の小惑星からのサンプルリターンに成功した

「はやぶさ2」には先進技術がいっぱい

● はやぶさ2／JAXA

往復6年の旅を支えたイオンエンジンの技術。史上初の人工クレーターを作った技術。一瞬のタッチダウンでサンプルを採集した技術。重さ約600kgの「はやぶさ2」は日本の宇宙技術の「塊」です。

前面

アンテナ
2つの丸い平面アンテナのほか複数のアンテナで地上の管制室と交信する

太陽電池パドル
太陽光を集め電力に変換し供給する太陽光発電機器。広げると「はやぶさ2」の大きさは6×4.23×1.25mになる

小惑星探査機はやぶさ2
- **大きさ** 約1.0×1.6×1.25m
- **重さ** 約600kg
- **おもな推進器** イオンエンジン

「はやぶさ2」の活躍が見られるよ

分離カメラ
リュウグウ表面に人工クレーターを作る際、分離され、一部始終を撮影する

光学航法カメラ(広角)
科学観測と「はやぶさ2」のナビゲーションを行うカメラ。望遠1台と広角2台を搭載

スタートラッカー
恒星の位置を観測して、「はやぶさ2」の姿勢(向き)を確認する光学機器

近赤外分光計
リュウグウからの赤外線の反射を観測し、水を含む含水鉱物の分布を調べる

再突入カプセル
リュウグウのサンプルを収めたコンテナを搭載するカプセル

レーザー高度計
探査機とリュウグウとの距離を計測。また地形や重力、表面の反射率などのデータを集める

カプセル

地球に再突入後、オーストラリアのウーメラ砂漠に着陸、回収された

背面

イオンエンジン(4基)
地球とリュウグウとの往復を、化学推進エンジンの10分の1の推進剤で可能にする

化学推進系スラスタ(12基)
燃料と酸化剤を用いて燃焼ガスを噴射するエンジン。姿勢制御や軌道微調整、リュウグウ周辺での「はやぶさ2」の位置制御、リュウグウへの離着陸などに使用

燃焼ガスを噴射してリュウグウから離陸(想像図)

小型着陸機マスコット
カメラによる撮影のほか分光顕微鏡で表面の鉱物を調べる。また表面温度や磁場を測定する機器を備える。フランスとドイツが共同開発した

小型ローバー(3台)
MINERVA-Ⅱと呼ばれる重さ約1.1kgの探査ロボット

光学航法カメラ(望遠、広角)

中間赤外カメラ
リュウグウからの熱放射を検知し、表面の状態を調べる

MINERVA-Ⅱはリュウグウの表面を飛び跳ねながら移動し、光学カメラで撮影したほか、温度計で表面温度を測定(想像図)

ターゲットマーカー(5基)
タッチダウンの前にリュウグウ表面に降ろしておく人工的な目印。カメラでこれを確認しながらタッチダウンする

サンプラーホーン(サンプリング装置)
リュウグウの表面から石や砂のサンプルを採取する機器

衝突装置
2kgの銅の塊を秒速2kmでリュウグウに衝突させ、人工クレーターを作る(20ページ参照)

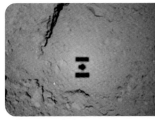

高度70mから撮影したリュウグウと「はやぶさ2」の影

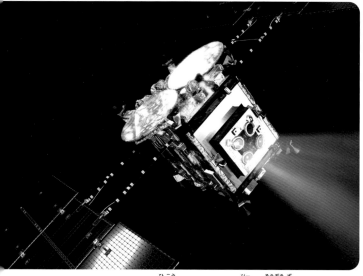

イオンエンジンで飛行する「はやぶさ2」（想像図）。イオンエンジンは気体のキセノンをプラズマにして、電気の力で加速して高速で噴射することで速度を生み出す。「はやぶさ2」は2023年12月現在、さらに別の小惑星「1998KY26」を目指して、旅を続けている（2031年到着予定）

©JAXA

「はやぶさ2」の技術のヒミツ　1

イオンエンジンで小惑星へ

　小惑星と地球を往復した「はやぶさ」と「はやぶさ2」の何年もかかった長い宇宙の旅。その成功は、イオンエンジンのおかげです。

　「はやぶさ2」を打ち上げた「H-ⅡAロケット」は液体酸素と液体水素を使った化学推進系ロケットです。人工衛星を打ち上げたり、宇宙探査機を秒速約11.2kmで地球の重力圏の外へ運んだりするのに必要な大きな力を発揮します。ただ、燃焼時間は何百秒間と短く、推進剤を大量に必要とします。

　一方、イオンエンジンは少ない推進剤で何千時間も働き続け、探査機や人工衛星を加速し続けてくれます。この特徴から、何年間もかけて惑星や小惑星を目指す宇宙探査機にはイオンエンジンが利用されます。「はやぶさ2」の往復6年の旅にぴったりのエンジンです。

「はやぶさ2」の技術のヒミツ　2

人工クレーター形成に成功

　サンプルリターン以外に「はやぶさ2」の成しとげた成果に世界初となった人工クレーターの形成があります。

　2019年4月5日、「はやぶさ2」はリュウグウの上空500mで衝突装置を分離しました。衝突装置の爆薬を破裂させ、重さ約2kgの銅板の衝突体を秒速約2kmでリュウグウに打ち込みました。その結果、直径約14.5m、深さ約1.7mの半円状のクレーターができたのです。約46億年前の太陽系ができた頃の情報を伝える地下の石や砂が姿を現しました。同年7月、「はやぶさ2」は2度目のタッチダウンに成功（1度目は2月22日に成功）。人類史上初めて、小惑星の地下物質（クレーターができたときに飛び散った地下物質）を採取して地球にサンプルリターンしたのです。

リュウグウにできた直径約14.5mの人工クレーター

©JAXA／東京大学など

移動岩
人工クレーター
大きな岩
不動岩

人工クレーターを作る！

―はやぶさ2

上空500mで衝突装置を切り離し

衝突装置

衝突体を発射

銅板の衝突体は弾丸に変形してリュウグウへ

衝突！人工クレーターが誕生

リュウグウ

衝突装置分離から衝突までの40分間に、リュウグウの裏側へ退避

「はやぶさ2」は上空500mで衝突装置を分離後、リュウグウの裏側に退避。分離から40分後、爆薬を破裂させると、銅板は弾丸に変形して打ち込まれた

＊JAXAの図版をもとに作成
＊リュウグウ＝©JAXA／東京大学など

はやツー君

教えて、小惑星のこと

Q 小惑星って、どんな天体？

A 小さな惑星のことだよ。大きいものでも、直径が500kmほどしかないもののことをいうよ。木星と火星の間にはたくさんの小惑星が発見されている「小惑星帯」と呼ばれている場所があるんだけど、イトカワとリュウグウはそこから離れて、小惑星帯にある小惑星より地球に近い公転軌道を周回しているんだ。その上、軌道が楕円を描いているため、地球にかなり近づくことがある。だから探査に選ばれたんだね。

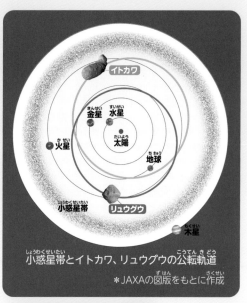
小惑星帯とイトカワ、リュウグウの公転軌道
＊JAXAの図版をもとに作成

Q どうして小惑星を調べるの？

A 小惑星の砂や石には、惑星や小惑星の誕生や生命の起源のヒントになる物質があると考えられているからだよ。地球など太陽系の惑星や月のような大きな衛星にはもう残っていないので、リュウグウの地下から採取したサンプルはとても貴重な手がかりになる。みんなの体のもとのタンパク質を作っている物質、生命の源ともいえるアミノ酸が23種も見つかったそうだよ。

カプセルに保存して持ち帰ってきたリュウグウのサンプル（総量5.4g）。国内や世界の研究者に配布され、分析が進められている

Q リュウグウ探査で大変だったことは？

A いろいろあるけど、タッチダウンはすごーくむずかしかった。表面は岩や石だらけ。なんとか見つけた着陸地は左右6mあるぼくよりせまいから、無事に降りられるか、心配したよ。地球の管制室の皆さんが数えきれないほど事前に実験をくりかえして作った、着陸プログラムを送ってきてくれたんだ。それを活用して、自分で判断してタッチダウンを試み、成功したんだよ。

リュウグウの表面は石や岩だらけ

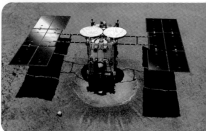
「はやぶさ2」のタッチダウン（想像図）。地球とリュウグウの間の通信は片道約17分かかるので地球からの指示によるタッチダウンではなく、リュウグウ上空500mから「はやぶさ2」は自動運転を行った

＊21ページのすべての写真、図版、「はやツー君」イラスト＝©JAXA

● パーサヴィアランス／NASA

火星

「マーズ2020」は火星に存在したかもしれない生物の証拠を探すことを目的とする計画で、探査車（ローバー）とヘリコプターを火星に送りこむことに成功した。写真は火星探査車「パーサヴィアランス」が自撮りした62枚の画像をつなぎ合わせたもの。この探査車にはロボットアーム、多数のカメラ、原子力電池が搭載されている

©NASA/JPL-Caltech/MSSS

パーサヴィアランス

大きさ	約3×2.7×2.2m
重さ	約1t
動力	原子力電池

火星着陸の瞬間が見られる!

探査車（右）に搭載された小型ヘリコプター「インジェニュイティ」
©NASA/JPL-Caltech

第5章 惑星探査機は何を調べているの?

これまで太陽系の惑星探査は、たくさんの時間をかけて行われてきました。私たちの住む地球に最も近い金星や火星から、はるかかなたの海王星や最果てにある準惑星の冥王星まで、探査機はすでに太陽系のすべての惑星と準惑星の冥王星を探査しており、よりくわしい情報を得るため、現在、さまざまな計画が立てられています。

ここではすでにミッションが完了したものから計画中のものまで、さまざまな探査計画で活躍する探査機を紹介します。

● みお／JAXA、NEC

水星

● あかつき／JAXA、NEC

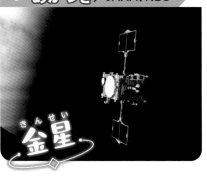

金星

国際水星探査計画「ベピコロンボ」で、水星の磁気圏と宇宙環境を観測する水星磁気圏探査機「みお」（左）と、厚い硫酸の雲が包む金星の二酸化炭素の大気を探査する金星探査機「あかつき」（いずれも想像図）

＊左の図版2点＝©JAXA

サンプルを持ち帰って火星の謎に迫る

人類にとって火星は月の次に身近な星。そんな火星の衛星から土砂や岩などのサンプルを持ち帰ることを目標にJAXAが中心になって進めているのがMM X（火星衛星探査計画）です。

火星

火星には衛星が2つあるんだよ！

MMX 探査機背面図

往路モジュール

太陽電池パドル

探査モジュール　復路モジュール

MM X で活躍するMM X 探査機。火星への往路、探査、地球への復路の3つのモジュール（部分）で作られている。重さ約4tのうち半分以上は往復に使う推進剤

MM X 探査機の想像図。火星の衛星フォボスからのサンプルリターン（18ページ参照）を計画

フォボス表面でサンプリング装置を使ってサンプル採取する探査機の想像図。背景は火星

＊3点とも＝©JAXA

コラム
惑星の重力を利用する省エネ航法「スイングバイ」

惑星探査機には加速や方向変更のために必要なたくさんの推進剤が搭載できません。そこで軌道を変更したり加速したりするとき、途中で出会う惑星の重力や公転速度を利用する「スイングバイ」という航法を用います。たとえば、外惑星＊探査機「ボイジャー2号」は、木星に近づいて木星の公転速度と重力を利用してスピードを上げ、その後も、土星、天王星、海王星でスイングバイを行いました。小惑星探査機「はやぶさ」と「はやぶさ2」は、地球でスイングバイを行いました（30ページ参照）。

加速だけでなく、利用する惑星の重力圏への入り方によって減速することもできます。

よーし、引っ張ってあげるよ

お願い、力を貸してください

すこーいスピード！

ありがとう、行ってきます

わぁ、方向も変わった

ボイジャー2号のスイングバイ

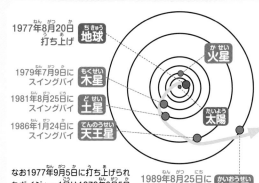

1977年8月20日
打ち上げ　地球

火星

1979年7月9日に
スイングバイ　木星

1981年8月25日に
スイングバイ　土星

太陽

1986年1月24日に
スイングバイ　天王星

1989年8月25日に
スイングバイ　海王星

なお1977年9月5日に打ち上げられたボイジャー1号は1979年3月5日に木星で、1980年11月12日に土星でスイングバイを行った

＊日時はアメリカ時間　＊NASAの図版をもとに作成

＊外惑星とは、太陽系の惑星のなかで地球よりも外側の軌道を周回する惑星のこと。火星、木星、土星、天王星、海王星を指す

ジュノー／NASA

木星探査機「ジュノー」の想像図。木星周回軌道に乗った2016年以来、現在にいたるまで木星の磁場や内部構造を調査し続けている
©NASA/JPL

土星

カッシーニ／NASA, ESA, ASI

土星探査機「カッシーニ」は、2004年に土星周回軌道に乗ると、2017年に土星の大気圏に突入して燃え尽きるまで13年間にわたって土星周辺を探査した（想像図）
©NASA/JPL

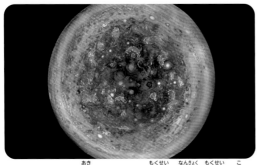

ジュノーによって明らかにされた木星の南極。木星は固体の表面が存在しない巨大な「ガス惑星」で、南極には無数のサイクロン（巨大な雲の渦）が渦巻いている
©NASA/JPL-Caltech/SwRI/MSSS/Betsy Asher Hall/Gervasio Robles

木星・土星探査も実現
新計画の主役はドローン

火星より遠い「外太陽系」の木星や土星などの探査には時間とコストがかかります。このため、現在進行中の外太陽系探査は多くありません。探査機「ニューホライズンズ」は冥王星を含む太陽系外縁天体*探査を行いました。2027年以降打ち上げ予定の「ドラゴンフライ」はNASAが計画している、土星最大の衛星タイタンに探査機を送りこむミッションと、その探査機の名称です。大気やメタンとエタンの液体のあるタイタンで生命の存在を探ることが予定されています。

ドラゴンフライ／NASA

タイタン探査の主役「ドラゴンフライ」（回転翼型ドローン）の想像図。タイタン着陸後、約2年8か月探査を続ける予定
©NASA/JOHNS HOPKINS APL/STEVE GRIBBEN

カッシーニ
大きさ	幅約4×高さ約6.8m
重さ	約5.8t
動力	原子力電池*

ドラゴンフライ
全長	約3m
重さ	約450kg
動力	原子力電池

ドラゴンフライのCGアニメーション

ジュノー
大きさ	直径約3.5×高さ約3.5m
重さ	約3.6t
動力	太陽電池

カッシーニが撮影したタイタン
©NASA/JPL/Space Science Institute

*太陽系外縁天体は海王星よりさらに外側にある太陽系の天体。冥王星も含まれる

*原子力電池はプルトニウム238などが出す放射線エネルギーを電気に変える電池。寿命が長いので宇宙探査機などに使われている

冥王星を超えて、太陽系の果てまで

● ニューホライズンズ／NASA

NASA が2006年に打ち上げた太陽系外縁天体探査機ニューホライズンズ（想像図）。2015年に冥王星と衛星群、さらに2019年には、小惑星アロコスを観測。アロコスは探査されたなかで最も遠い太陽系の天体です。その後も別の天体の観測を計画しており、最終的には太陽系から離脱する予定です。

ニューホライズンズ	
大きさ	約0.7×2.1×2.7m
重さ	約465kg
動力	原子力電池

冥王星

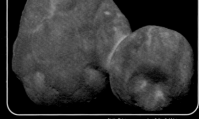

木星より遠くに行くと太陽電池は使えないんだって！

アロコス

ニューホライズンズが撮影した小惑星アロコス。公転周期は約298年で、直径約19kmと約14kmの2つの天体が結合したもの

はるかかなたの星も
手に取るようにくっきり！

ジェイムズ・ウェッブ宇宙望遠鏡が撮影した、地球から約7600光年*離れた「カリーナ星雲」と、その向こうにとらえた生まれたばかりの星の輝き。画像はカリーナ星雲の一領域で「宇宙の断崖」と名づけられた
©NASA/ESA/CSA/STScl

第6章 遠い遠い宇宙の謎はどこまでわかったの？

ほかの天体を調査するために探査機を送る場合、現在の技術では火星でも半年以上の長い時間がかかります。これが太陽系の外の星となると、何万年、何十万年……という途方もない時間が必要になるため、探査機を直接送りこんで調べることはできません。ここでは、その代わりとして用いられている、最新の「宇宙望遠鏡」と、すでに太陽圏を離れ未知の天体へ向けて飛行を続けている探査機「ボイジャー」の技術を紹介しましょう。

空気の層に取り巻かれ、光のゆがみによる影響を受けてしまう地上の望遠鏡と違い、宇宙空間に打ち上げた宇宙望遠鏡なら、遠い星からの光でも高い精度でとらえられます。NASAでは1990年から地球周回軌道上の「ハッブル宇宙望遠鏡」を使い、130億光年先までの宇宙の様子を数多くとらえてきました。

2022年にはさらに詳細な観測を目指して「ジェイムズ・ウェッブ宇宙望遠鏡」の運用を開始。138億年前の宇宙の誕生（ビッグバン）の後、最初に生まれた「ファーストスター」と呼ばれる星の誕生の光も高精度で観測できるといわれ、宇宙の謎を解く新しい発見が期待されています。

*光年：光が1年間で進む距離を1光年と呼び、9兆4600億kmにあたる

宇宙空間から、はるか遠い天体の謎を探る

アメリカが打ち上げた2基の宇宙望遠鏡のおかげで、太陽系外の宇宙の姿がほかの天体望遠鏡とは比較にならないほど鮮明な画像で届き、宇宙誕生の謎の解明も期待されています。

● ジェイムズ・ウェッブ宇宙望遠鏡／NASA

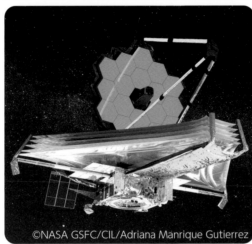

©NASA GSFC/CIL/Adriana Manrique Gutierrez

ジェイムズ・ウェッブ 宇宙望遠鏡	2021年12月の打ち上げシーン
位置	地球より150万km
重さ	約6.2t
観測機器	口径6.5m 赤外線反射望遠鏡

地球から見て太陽の反対、150万kmの空間に浮かぶジェイムズ・ウェッブ宇宙望遠鏡（想像図）

©NASDAQ

この宇宙望遠鏡がとらえた映像は、ニューヨークのタイムズスクエアでも映し出された

©NASA/ESA/CSA/STScl;Image Processing:Joseph DePasquale (STScl)/Anton M. Koekemoer (STScl)/Alyssa Pagan (STScl))

鮮明にとらえられた地球から約6500光年離れた「わし星雲」の中心部の「創造の柱」と呼ばれる暗黒星雲

● ハッブル宇宙望遠鏡／NASA

ハッブル宇宙望遠鏡	
位置	高度約600km
重さ	約11t
観測機器	口径2.4m 反射望遠鏡

ハッブル宇宙望遠鏡がとらえた宇宙

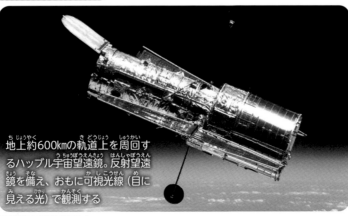

地上約600kmの軌道上を周回するハッブル宇宙望遠鏡。反射望遠鏡を備え、おもに可視光線（目に見える光）で観測する

©NASA/ESA/STScl

ハッブル宇宙望遠鏡がとらえた地球から2万8000光年先の球状星団NGC6440の姿

©NASA/ESA/C. Pallanca and F. Ferraro (Universits Di Bologna), and M. van Kerkwijk (University of Toronto); Processing: G. Kober (NASA/Catholic University of America)

ジェイムズ・ウェッブ 宇宙望遠鏡のすごい技術

ふつうの望遠鏡のようにおもに目に見える光で観測するハッブル宇宙望遠鏡に対し、ジェイムズ・ウェッブ宇宙望遠鏡は巨大な反射鏡を使って星からの赤外線を集め、より精度の高い映像をとらえられます。18枚の六角形の鏡を集めた直径約6.5mの反射鏡の下には、観測をさまたげる太陽や地球からの光や電磁波を避けるため、薄いシート状の遮光板を備えるなどの工夫がされています。ここでは、この宇宙望遠鏡の組み立てから打ち上げのプロセスを通じて、使われている技術を見てみましょう。

NASAのゴダード宇宙飛行センターに設置された実物大模型

① 赤外線をよく反射する金メッキが施される

② よけいな光や電磁波をさえぎるための遮光板

③ 1枚が約20kgと軽量の反射鏡を18枚つなぐ

⑥ 折りたたまれてロケットに積まれ、2021年12月に宇宙へ

⑤ 六角形の反射鏡18枚でできた巨大反射鏡

④ 薄い遮光板を5層重ねる

⑦ ロケットから切り離された後は、スラスタのエンジンの噴射で目的の位置へ投入され、反射鏡を展開する

©NASA/ESA

太陽圏を突破して
銀河系を行く！
● ボイジャー計画／NASA

　1977年にNASAが打ち上げた双子の惑星探査機のボイジャー1号とボイジャー2号は、スイングバイ（23ページ参照）の技術を使って最低限の燃料での「グランドツアー（大旅行）」を行い、1号は木星、土星の探査後、2012年に人工物として史上初めて太陽圏＊を脱出しました。2号も天王星、海王星に接近した後、2018年に太陽圏を脱出。両機とも2025年頃には電池寿命が尽きるとされていますが、なお遠い大宇宙を目指して旅は続きます。そこでボイジャーが出会うのは、果たして？

＊太陽圏は太陽系の一部で、太陽系のほうがはるかに大きい。ボイジャー1号が太陽系の外に出るのには3万年以上かかるともいわれる

地球から約240億kmの位置を「へびつかい座」の方向へ進むボイジャー1号（2024年1月現在・想像図）
©NASA/JPL-Caltech

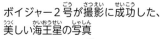

ボイジャー1号、2号
大きさ	直径1.78×高さ0.47m
重さ	約720kg
動力	原子力電池

ボイジャー2号が撮影に成功した、美しい海王星の写真
＊2点とも＝©NASA

太陽圏の果て「ヘリオポーズ」を脱出するボイジャーの想像図

ボイジャーには地球外生命体に向けて「地球の音」のレコードも積まれた

ヘリオポーズ
太陽風が及ぶ太陽圏の端。ここから先は太陽風と星間物質が混じり合う

末端衝撃波面
星間物質（宇宙を満たす希薄なガス）の影響で太陽風の速度が減速し始める境界

太陽圏
太陽から噴き出る高温の粒子（プラズマ）の流れを「太陽風」と呼び、この太陽風が届く領域

太陽

ボイジャー

双子の探査機ボイジャーの旅は続くんだね

＊NASAの図版をもとに作成

29

先生、スイングバイのこと、もっとくわしく教えて

地球は太陽のまわりを秒速約30kmで公転しています。これはどんなロケットもかなわない猛スピードです。科学者たちは「この速度を利用できないだろうか？」と研究した結果、「スイングバイ」という惑星や地球の公転速度を利用する航法を見つけました（23ページ参照）。

「はやぶさ2」をスピードアップした地球のヒミツ

スイングバイという惑星の重力と公転速度を利用する方法を使うと、宇宙探査機は軌道の向きを変えることができ、また速度を速くしたり遅くしたりすることができます。第4章の「はやぶさ2」は地球を利用して「地球スイングバイ」を行いました。

打ち上げ後、「はやぶさ2」は人工惑星になり、太陽のまわりを1周したのち、地球に近づいたのです。すると、地球の重力の影響によって軌道の方向が変わり、約80°曲がりました。さらに、地球の公転速度の影響を受けて、速度が加速されました。地

球に近づいたときにくらべ、離れたときには秒速が約1.6kmスピードアップ！ 地球を利用して推進剤を使わずに加速したわけです。この「地球スイングバイ」は、イオンエンジンと並んで、「はやぶさ2」の宇宙の旅を支えた2本柱といえます。

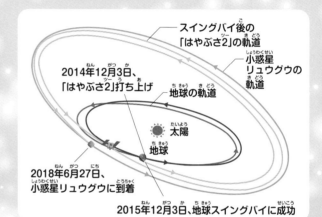

「はやぶさ2」は打ち上げから1年後の2015年12月3日に、地球を利用したスイングバイに成功。その結果、軌道が80°曲がり速度は秒速約1.6km増して、太陽に対する秒速が約31.9kmになった。その後、2018年6月27日にリュウグウに到着した

＊JAXAの図版をもとに作成

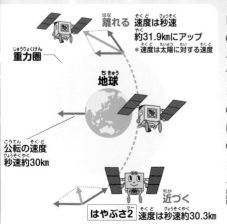

「はやぶさ2」は地球の重力圏に入り通過することで、地球に引きずられて加速する。オレンジのラインは地球の公転速度。青は地球に対する侵入と脱出時の速度で同じ速さ。オレンジと青から生まれる緑が実際の速度で、離れるときは増速する

イラスト©JAXA

2014年12月3日、「はやぶさ2」はH-ⅡA26号機で種子島宇宙センターから打ち上げられた。ロケットは高度889kmで「はやぶさ2」を分離。このとき、地球の重力を振り切り太陽を回る人工惑星になるために必要な秒速約11.2kmを超える秒速約11.4kmの速度が与えられた

©JAXA

🔍 知ってる？

宇宙空間を進む無人宇宙探査機パイオニア10号（1972年打ち上げ）と11号（1973年打ち上げ）の想像図。パイオニア10号は1973年に木星に接近、11号は1974年に木星、1979年に土星に接近して観測した ©NASA

ロケットの発射速度には地球の自転速度が加わる

「はやぶさ2」など宇宙探査機は、推進剤をたくさん積んでいくことができません。そのため推進剤を使わずに速度をアップする方法としてスイングバイが考え出されたのです。「はやぶさ2」の場合は、地球を利用しました。

じつは、宇宙機を打ち上げるロケットの発射にも地球が利用できるのです。地球は24時間で一回転し、赤道の長さは約4万kmですから、赤道上の自転速度は秒速460mほどあります。地球は西から東に回っているので、赤道上の基地から真東へ発射すれば、ロケットの打ち上げ速度には地球の自転速度秒速約460mが加わります。「地球スイングバイ」で得られる速度ほどではありませんが、地球の自転もロケットの第1段にある補助ブースターのように打ち上げ時の加速を助けているのです。

スイングバイで速度を増し、太陽系を離れる5つの探査機

1957年のスプートニク1号以来、2023年8月現在で、打ち上げられた人工衛星や宇宙探査機、宇宙船、宇宙ステーションは1万機をはるかに超えています。そのなかで太陽系を離れつつある宇宙機は、わずかにアメリカの5つの宇宙探査機だけです。パイオニア10号と11号、ボイジャー1号と2号（29ページ参照）、ニューホライズンズ（25ページ参照）です。

これらはすべて、ロケットの力だけでは太陽の重力を振り切る速度に届かないので、スイングバイで速度を上げました。パイオニア10号と11号は木星を、ボイジャー1号は木星と土星を、2号は木星、土星、天王星、海王星を利用しました。ニューホライズンズも木星を使って加速しました。

現在、いちばん遠くまで旅しているのはボイジャー1号。2024年1月現在、地球から約240億kmの場所を太陽に対して秒速約17kmで進んでいます。

1977年に打ち上げられた無人宇宙探査機ボイジャー2号の想像図。2号は木星、土星、天王星、海王星に接近し探査を行った。2024年1月現在、地球から約200億km離れた場所を飛行している ©NASA

ボイジャー1号は人類が打ち上げた宇宙機で初めて太陽圏を脱出し、現在、太陽系を離れつつある

＊NASAの資料をもとに作成

ボイジャー1号図

太陽圏
ボイジャー1号
約162.3（約240億km）
2024年1月現在
海王星 約30.1
天王星 約19.2
火星 約1.5
木星 約5.2
土星 約9.5
ヘリオポーズ（太陽圏の端）
地球 1
金星 約0.72
水星 約0.39
太陽

＊各数値の単位はau。太陽から地球までの距離を1au（1天文単位）とし、約1億5000万kmにあたる

緯度ごとの地球の自転速度

緯度	自転速度
60	秒速約230m ▶
45	秒速約330m ▶
30	秒速約400m ▶
15	秒速約450m ▶
0	秒速約460m ▶

バイコヌール宇宙基地（カザフスタン）
西昌衛星発射センター（中国）
羅老宇宙センター（韓国）
日本
内之浦宇宙空間観測所
種子島宇宙センター
ケネディ宇宙センター（アメリカ）
ギアナ宇宙センター（フランス領ギアナ）
サティシュ・ダワン宇宙センター（インド）

人工衛星を打ち上げている国のおもな発射場。各国とも発射場は国内の赤道寄りの場所に建設されている。これは赤道に近いほど自転速度が速いので、赤道に近い方がロケットの発射に有利だからである。種子島に種子島宇宙センターが建設された理由の1つはここにある

監修
渡辺勝巳（わたなべ・かつみ）

1946年（昭和21年）、新潟県佐渡島生まれ。佐賀県立宇宙科学館アドバイザー。1957年、小学校5年生のときに旧ソ連（現ロシア）による人類史上初の人工衛星スプートニク1号の打ち上げの報道を聞いて以来、宇宙に魅了され、宇宙開発を追い続ける。1974年、宇宙開発事業団（現JAXA）に入社。一貫して広報・普及業務に携わり、青少年の教育の場でも活動。2007年、JAXA退職後も関係財団において宇宙に関する広報・教育活動に従事。2018〜23年、佐賀県立宇宙科学館館長。「宇宙飛行士、宇宙科学者への"夢"は果たせなかったが、次世代を担う子どもたちにその"夢"を託したいという新たな夢を持って活動を続けている。
著書・監修書に『完全図解・宇宙手帳』（講談社）、『「もしも？」の図鑑 宇宙の歩き方』（実業之日本社）、『宇宙飛行士入門』（小学館）、『やさしくわかる 星とうちゅうのふしぎ』『大解明!! 宇宙飛行士』（汐文社）など。

編集
株式会社クウェスト フォー
一般書から子どもの本まで、さまざまなジャンルの本を手がける編集チーム
入澤 誠　山口邦彦　黒澤 円　梶野佐智子　八田宣子

写真協力一覧
JAXA　NASA　スペースX　株式会社アクセルスペース　ispace株式会社
NEC　スカパーJSAT株式会社　ソニーグループ株式会社　株式会社ダイモン
株式会社タカラトミー　同志社大学　東京大学　三菱電機株式会社　iStock

表紙写真
表：小惑星リュウグウに向けて巡航する小惑星探査機「はやぶさ2」（想像図）。小惑星内部の石や砂を採取し、帰還 ©JAXA
裏：（右上）小型月着陸実証機SLIM（想像図）©JAXA　（右下）火星探査車パーサヴィアランス ©NASA/JPL-Caltech/MSSS　（左）ISS（国際宇宙ステーション）（想像図）©NASA
背：土星衛星タイタン探査機ドラゴンフライ（想像図）©NASA

1ページ写真
宇宙空間のジェイムズ・ウェッブ宇宙望遠鏡（想像図）©NASA

ブックデザイン
株式会社ダグハウス
春日井智子　佐々木恵実　松沢浩治

図版制作
株式会社Office SASAI

図版提供
池下章裕

編集担当
門脇 大

未来に飛び立つ 最新宇宙技術
② 調べる──はやぶさ2、ジェイムズ・ウェッブ宇宙望遠鏡 ほか

2024年3月　初版第1刷発行

監修　　渡辺勝巳
編集　　株式会社クウェスト フォー
発行者　三谷 光
発行所　株式会社汐文社
　　　　〒102-0071　東京都千代田区富士見1-6-1
　　　　TEL 03-6862-5200　FAX 03-6862-5202
　　　　https://www.choubunsha.com

印刷　　新星社西川印刷株式会社
製本　　東京美術紙工協業組合

ISBN978-4-8113-3024-2